BEI GRIN MACHT SICH IHR WISSEN BEZAHLT

- Wir veröffentlichen Ihre Hausarbeit,
  Bachelor- und Masterarbeit

- Ihr eigenes eBook und Buch -
  weltweit in allen wichtigen Shops

- Verdienen Sie an jedem Verkauf

Jetzt bei www.GRIN.com hochladen und kostenlos publizieren

Benjamin Kohtz

Statistik: Häufigkeit, Regressionsanalyse, Varianzanalyse, Indexbildung

GRIN Verlag

Bibliografische Information der Deutschen Nationalbibliothek:

Die Deutsche Bibliothek verzeichnet diese Publikation in der Deutschen National-
bibliografie; detaillierte bibliografische Daten sind im Internet über http://dnb.d-
nb.de/ abrufbar.

Impressum:

Copyright © 2012 GRIN Verlag GmbH
Druck und Bindung: Books on Demand GmbH, Norderstedt Germany
ISBN: 978-3-656-50872-4

GRIN - Your knowledge has value

Der GRIN Verlag publiziert seit 1998 wissenschaftliche Arbeiten von Studenten, Hochschullehrern und anderen Akademikern als eBook und gedrucktes Buch. Die Verlagswebsite www.grin.com ist die ideale Plattform zur Veröffentlichung von Hausarbeiten, Abschlussarbeiten, wissenschaftlichen Aufsätzen, Dissertationen und Fachbüchern.

Fachhochschule für angewandtes Management

Fachbereich Sportmanagement

Wintersemester 2011/2012

Teilmodul Statistik

Studienarbeit

im Fach Statistik

vorgelegt von

Benjamin Kohtz

3. Semester

Tag der Einreichung: 19.2.2012

1. Einleitung

Die Aufgabe der Teilnehmer des Kurses Statistik II an der Fachhochschule für angewandtes Management in Erding, von denen ich einer bin, ist es statistische Untersuchung wie die Reliabilitätsanalyse, die Varianzanalyse oder die Regressionsanalyse anhand eines gemeinsam durch einen Fragebogen entworfenen Datensatz durchzuführen. Bevor ich allerdings ins Detail des Datensatzes und der statistischen Untersuchungen einsteige, möchte ich zuerst einmal den Begriff Statistik definieren.

Hierfür nehme ich mir die Ausführungen von Josef Bleymüller, Günther Gehlert und Herbert Gülicher in ihrem Buch Statistik für Wirtschaftswissenschaftler zu Hilfe: „Heute wird das Wort Statistik im doppelten Sinn gebraucht: Einmal versteht man darunter quantitative Informationen über bestimmte Tatbestände schlechthin, wie z.b. die Bevölkerungsstatistik oder die Umsatzstatistik, zum anderen aber eine formale Wissenschaft, die sich mit den Methoden der Erhebung, Aufbereitung und Analyse numerischer Daten beschäftigt."[1]

Diese Definition zeigt dem Leser auf, dass unter dem Begriff Statistik nicht unisono das Gleiche verstanden wird. Obwohl sich wohl jeder, der sich schon einmal mit Statistik beschäftigt hat, ihrer Wirkungsweise und ihrer Bedeutung bewusst ist, besteht dem Volksmund nach auch eine andere Definition von Statistik: „Es gibt drei Arten von Lügen: einfache Lügen, Notlügen und Statistiken."[2]

Diese Aussage veranschaulicht, dass man Statistiken nicht zwingend Glauben schenken, sondern sie durchaus auch kritisch betrachten betrachten sollte und auf ihre Glaubwürdigkeit hin überprüfen sollte, sofern einem das als Laien möglich ist.

Im Folgenden möchte ich nun mit einem durch einen Fragebogen erstellten Datensatz verschiedene Analysen durchführen und diese mit Grafiken und Ausführungen darstellen.

---

[1] Bleymüller, J., Gehlert, G. & Gülicher, H. (2008). Statistik für Wirtschaftswissenschaftler. 14. Auflage. Vahlen Franz.

[2] Degen, H. & Lorscheid, P. (2010). Statistik Lehrbuch: Methoden der Statistik im wirtschaftswissenschaftlichen Bachelor-Studium. 3. Auflage. Oldenbourg.

2. Häufigkeitsverteilung

Unter dem Gliederungspunkt Häufigkeitsverteilung sollten aus dem Datensatz, der einen von 77 Studierenden ausgefüllten Fragebogen beinhaltet, Variablen ausgewählt werden, die eventuell einen Rückschluss aufeinander zu lassen. In diesem Fall würde ich gerne die Häufigkeiten der Arbeitsstunden der Studierenden pro Woche und deren derzeitige berufliche Auslastung bzw. Beschäftigung darstellen und versuchen einen Schluss über einen eventuellen Zusammenhang der Daten darzustellen.

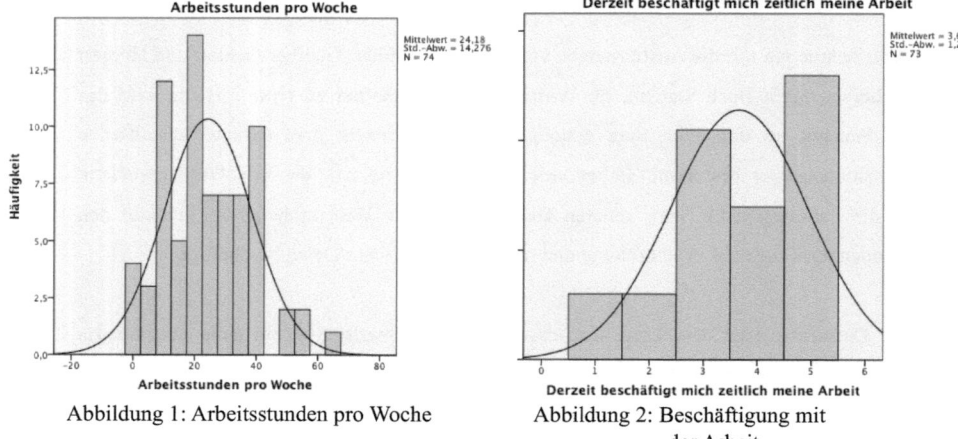

Abbildung 1: Arbeitsstunden pro Woche   Abbildung 2: Beschäftigung mit
                                            der Arbeit

Von 77 teilnehmenden Studierenden gab es bei den Arbeitsstunden pro Woche 74 gültige Werte, bei der zeitlichen Beschäftigung mit der Arbeit 73 gültige Werte, somit sind die beiden Statistiken durchaus vergleichbar, obwohl die Arbeitsstunden pro Woche in Stunden gemessen wurden und die Beschäftigung durch die Arbeit mit den Items „wenig, teils/teils bis stark", wobei die Skalierung von 1 (wenig) bis 6 (stark) reichte. Auffällig bei den Arbeitsstunden pro Woche ist, dass die Antwortskalen von 0 Stunden bis zu 65 Stunden pro Woche reichten. Dabei lag der Mittelwert bei 24,18 Stunden und der Modus bei 20. Bei der zeitlichen Beschäftigung mit der Arbeit liegt der Mittelwert bei 3,66 also einer mittleren Beschäftigung mit der Arbeit, der Modus allerdings auf 5, was auf eine hohe zeitliche Beschäftigung von vielen Studierenden schließen lässt, obwohl einige sich nur sehr wenig mit der Arbeit beschäftigen. Ein Zusammenhang der Daten könnte insofern bestehen, dass die Studenten, die zeitlich viel mit der Arbeit beschäftigt sind, weniger Zeit für das Studieren aufwenden.

3. Hypothese mit nominalen Variablen

Eine Hypothese mit nominalen Daten lässt sich zum Beispiel mit einem Chi-Quadrat-Test überprüfen. Diesen möchte ich anhand des Studienganges an der Fachhochschule für angewandtes Management sowie dem Geschlecht der Studierenden durchführen. Meine Hypothese H1 lautet, dass sich die Geschlechter gleichmäßig auf die unterschiedlichen Studiengänge verteilen. Die Nullhypothese ist, dass der Studiengang in Abhängigkeit vom Geschlecht gewählt wird. Hierbei erhalte ich einen asymptotische Signifikanz des Chi-Quadrat-Testes nach Pearson einen Wert von 0,012. Das bedeutet, dass der Test statistisch signifikant ist.

Studiengang an der FHAM * Geschlecht Kreuztabelle

| | | | Geschlecht | | Gesamt |
			weiblich	mÄ€nnlich	
Studiengang an der FHAM	B.A. BWL Medienmanagement	Anzahl	11	2	13
		Erwartete Anzahl	5,8	7,2	13,0
		Residuen	5,2	-5,2	
		Standardisierte Residuen	2,1	-1,9	
	B.A. BWL Sportmanagement	Anzahl	12	26	38
		Erwartete Anzahl	17,1	20,9	38,0
		Residuen	-5,1	5,1	
		Standardisierte Residuen	-1,2	1,1	
	B.A. BWL Interkulturelles Management	Anzahl	0	1	1
		Erwartete Anzahl	,4	,6	1,0
		Residuen	-,4	,4	
		Standardisierte Residuen	-,7	,6	
	anderes Studienangebot der FHAM	Anzahl	0	1	1
		Erwartete Anzahl	,4	,6	1,0
		Residuen	-,4	,4	
		Standardisierte Residuen	-,7	,6	
	B.A. BWL	Anzahl	8	8	16
		Erwartete Anzahl	7,2	8,8	16,0
		Residuen	,8	-,8	
		Standardisierte Residuen	,3	-,3	
Gesamt		Anzahl	31	38	69
		Erwartete Anzahl	31,0	38,0	69,0

Abbildung 3: Kreuztabelle aus Geschlecht und Studiengang.

Wie Abbildung 3 zeigt differieren die erwartete und die tatsächliche Anzahl der weiblichen bzw. männlichen Studenten in einigen Studiengängen. Besonders hervorzuheben ist in diesem Fall der Studiengang Medienmanagement und der Studiengang Sportmanagement, da die Studiengänge Interkulturelles Management und die anderen Studienangebote an der FHAM aufgrund der geringen Teilnehmerzahl nicht besonders aussagekräftig sind. Bei den hervorzuhebenden Studiengängen zeigt sich, dass beim Medienmanagement die erwartete Anzahl von weiblichen Teilnehmern (5,8) deutlich unter der tatsächlichen Anzahl (11) liegt. Im Gegensatz dazu liegt die erwartete Anzahl von weiblichen Teilnehmern (17,1) im Studiengang Sportmanagement deutlich über der tatsächlichen Anzahl weiblicher Studenten (12). Gültig waren bei dieser Untersuchung 69 von 77 Fällen. Damit ist die Hypothese falsifiziert und die Nullhypothese wird bestätigt.

4. Variablen berechnen und Qualitative Auswertung

In einem ersten Schritt habe ich die Variable 44 „Ich werde mich nach Statistik II weiter mit Statistik beschäftigen", die ursprünglich die Wertelabels 1 (trifft nicht zu) bis 5 (trifft zu) hatte, umkodiert in die Wertelabels 1 (nein), 2 (vielleicht) und 3 (ja). Dabei habe ich die Werte 1 und 2 also „nein" kodiert, den Wert 3 als „vielleicht" und die Werte 4 und 5 als „ja". Nun möchte ich diese Variable in einer Kreuztabelle mit der Variable „Geschlecht" vergleichen. Mein Hypothese lautet, dass sich die Studierenden unabhängig vom Geschlecht für eine Weiterbeschäftigung mit Statistik interessieren. Die Nullhypothese lautete, dass das Geschlecht einen Einfluss darauf hat, ob sich die Person eine Weiterbeschäftigung mit Statistik vorstellen kann. Hierzu Abbildung 4.

Ich werde mich weiter mit Statistik beschäftigen * Geschlecht Kreuztabelle

| | | | Geschlecht | | Gesamt |
			weiblich	mÄ€nnlich	
Ich werde mich weiter mit Statistik beschäftigen	nein	Anzahl	24	21	45
		% innerhalb von Geschlecht	80,0%	55,3%	66,2%
		% der Gesamtzahl	35,3%	30,9%	66,2%
	vielleicht	Anzahl	4	13	17
		% innerhalb von Geschlecht	13,3%	34,2%	25,0%
		% der Gesamtzahl	5,9%	19,1%	25,0%
	ja	Anzahl	2	4	6
		% innerhalb von Geschlecht	6,7%	10,5%	8,8%
		% der Gesamtzahl	2,9%	5,9%	8,8%
Gesamt		Anzahl	30	38	68
		% innerhalb von Geschlecht	100,0%	100,0%	100,0%
		% der Gesamtzahl	44,1%	55,9%	100,0%

Abbildung 4: Kreuztabelle aus Geschlecht und Weiterbeschäftigung mit Statistik

Zwar ist die Untersuchung statistisch nicht signifikant, da der Asymptotische Signifikanzwert nach Pearson bei über 5% liegt, dennoch werde ich mir die Werte einmal anschauen.

Chi-Quadrat-Tests

	Wert	df	Asymptotische Signifikanz (2-seitig)
Chi-Quadrat nach Pearson	4,756[a]	2	,093
Likelihood-Quotient	4,953	2	,084
Zusammenhang linear-mit-linear	3,208	1	,073
Anzahl der gültigen Fälle	68		

a. 2 Zellen (33,3%) haben eine erwartete Häufigkeit kleiner 5. Die minimale erwartete Häufigkeit ist 2,65.

Abbildung 5: Chi-Quadrat Test

Zunächst einmal sieht man sich die Verteilungen innerhalb der Gruppe „Geschlecht" in der Kreuztabelle an. Hierbei ist erkennbar, dass in der Gruppe „nein", also keine Weiterbeschäftigung mit Statistik nach dem Statistik II-Kurs, nahezu keine Unterschiede in der absoluten Zahl zwischen den Geschlechtern bestehen, allerdings ist zusätzlich erkennbar, dass sich insgesamt 45 von 68 gültigen Fällen und damit knapp 2/3 nicht für eine Weiterbeschäftigung mit Statistik interessieren. Besonders auffällig ist, dass sich 80% der Frauen keine Weiterbeschäftigung mit Statistik vorstellen können. In den Gruppen „vielleicht" und „ja", d.h. eine Weiterbeschäftigung mit Statistik ist für diese gültigen Fälle interessant, zeigt sich allerdings ein deutlicher Unterschied zwischen den Geschlechtern. In der Gruppe „vielleicht" ist der Unterschied zwischen den Geschlechtern am deutlichsten ausgeprägt, mehr als drei mal so viele Männer (13) wie Frauen (4) können sich eine Weiterbeschäftigung mit Statistik eventuell vorstellen. Sicher ist es dagegen nur bei 4 Männern und 2 Frauen.

Eine Interpretation der Ergebnisse zeigt, dass Männer sich zwar grundsätzlich eine Weiterbeschäftigung mit Statistik besser vorstellen können als Frauen. Allerdings gibt es keinen systematischen und signifikanten Zusammenhang zwischen der Weiterbeschäftigung mit Statistik und dem Geschlecht. Insgesamt können sich nur knapp 1/3 der Befragten überhaupt vorstellen sich weiter mit Statistik zu beschäftigen, nachdem der Statistik II Kurs von Ihnen abgeschlossen wurde.

5. Index bilden & Reliabilität testen

Mit Reliabilitätstests wird die Zuverlässigkeit eines Messinstrumentes überprüft. Um die Identifikation mit dem Fach Statistik bzw. die Begeisterung für das Fach zu überprüfen möchte ich nun die Variablen „Statistik macht mir Spaß", „Ich bin an Statistik interessiert", „Ich werde mich auch nach Statistik II weiter mit dem Thema beschäftigen", „Ich kann mir vorstellen, beruflich etwas mit Statistik zu tun", „Ich mag das Thema des Kurses", „Ich kann statistische Ergebnisse interpretieren", „Ich kann statistische Ergebnisse gut in Worte fassen", „Der Kursinhalt interessiert mich sehr" und „Die Kursinhalte zu verstehen ist mir persönlich sehr wichtig" in einem Index zusammenfassen und einer Reliabilitätsanalyse unterziehen. Als erste Ausgabe des Statistikprogrammes SPSS erhält der Nutzer eine Reliabilitätsstatistik, die in Abbildung 5 zu sehen ist.

Cronbachs Alpha ist mit 0,910 relativ hoch, was ein erster Hinweis darauf ist, dass die „Identifikation mit Statistik" ein zuverlässiges Instrument darstellt.

Reliabilitätsstatistiken

Cronbachs Alpha	Cronbachs Alpha für standardisierte Items	Anzahl der Items
,910	,908	9

Abbildung 5: Reliabilitätsstatistik zur „Identifikation mit Statistik"

Item-Skala-Statistiken

	Skalenmittelwert, wenn Item weggelassen	Skalenvarianz, wenn Item weggelassen	Korrigierte Item-Skala-Korrelation	Quadrierte multiple Korrelation	Cronbachs Alpha, wenn Item weggelassen
Statistik macht mir Spaß.	21,90	39,079	,729	,687	,896
Ich bin an Statistik interessiert.	21,54	37,297	,866	,806	,886
Ich werde mich auch nach Statistik II weiter mit diesem Thema beschäftigen.	22,28	40,801	,646	,547	,902
Ich kann mir vorstellen, beruflich etwas mit Statistik zu tun.	22,49	38,970	,719	,668	,897
Ich mag das Thema des Kurses.	21,68	39,327	,775	,739	,893
Ich kann statistische Ergebnisse interpretieren	21,21	41,688	,595	,811	,906
Ich kann statistische Ergebnisse gut in Worte fassen	21,37	41,848	,611	,823	,905
Der Kursinhalt interessiert mich sehr.	21,71	38,748	,757	,656	,894
Die Kursinhalte zu verstehen ist mir persönlich sehr wichtig.	20,90	42,900	,497	,336	,912

In dem Item „Korrigierte Item-Skala-Korrelation" ist erkennbar, wie gut die einzelnen Items mit dem gesamten Messinstrument „Identifikation mit Statistik" korrelieren. Dieser Wert ist grundsätzlich bei allen Items nicht schlecht, fraglich sind einzig die beiden Items „Die Kursinhalte zu verstehen ist mir persönlich sehr wichtig" und „Ich kann statistische Ergebnisse interpretieren".

Unter dem Item „Cronbachs Alpa, wenn Item weggelassen" kann man erkennen, wie sich die Zuverlässigkeit des gesamten Messinstrumentes verändern würde, wenn das einzelne Item weggelassen werden würde. Hier kann man sehen, dass sich das gesamte Messinstrument bei den meisten Items leicht nach unten verschieben würde, einzig bei dem Item „Die Kursinhalte zu verstehen ist mir persönlich sehr wichtig" verbessert sich das gesamte Messintrument von 0,91 auf 0,912. Dies deckt sich mit der Aussage der „Korrigierten Item-Skala-Korrelation", die bereits darauf hingewiesen hatte, dass das Item „Die Kursinhalte zu verstehen ist mir persönlich sehr wichtig" fraglich ist.

Nun habe ich aus den eben ausgeführten Variablen einen Index mit dem Namen „Identifikation_mit_Statistik gebildet" und werde diesen Index mit der erreichten Note aus dem Statistik I-Kurs korrelieren lassen. Meine Hypothese lautet, dass die Note des Studierenden in Statistik 1 umso besser war, je größer sich sich der Studierende mit dem Fach identifizierten konnte. Die Nullhypothese lautet, das kein Zusammenhang zwischen der Identifikation mit Statistik und der erreichten Note in Statistik 1 besteht.

Korrelationen

		erreichte Note Statistik I	Identifikation _mit_Statistik
erreichte Note Statistik I	Korrelation nach Pearson	1	-,317**
	Signifikanz (2-seitig)		,008
	N	70	70
Identifikation_mit_Statistik	Korrelation nach Pearson	-,317**	1
	Signifikanz (2-seitig)	,008	
	N	70	72

**. Die Korrelation ist auf dem Niveau von 0,01 (2-seitig) signifikant.

Korrelationen

			erreichte Note Statistik I	Identifikation _mit_Statistik
Spearman-Rho	erreichte Note Statistik I	Korrelationskoeffizient	1,000	-,351**
		Sig. (2-seitig)	.	,003
		N	70	70
	Identifikation_mit_Statistik	Korrelationskoeffizient	-,351**	1,000
		Sig. (2-seitig)	,003	.
		N	70	72

**. Die Korrelation ist auf dem 0,01 Niveau signifikant (zweiseitig).

Abbildungen 7 und 8: Bivariate Korrelationsanalyse der Variablen „Identifikation_mit_Statistik" und „erreichte Note im Statistik 1-Kurs"

Als erstes ist darauf zu verweisen, dass die Korrelation zwischen den beiden Variablen sowohl nach Pearson als auch nach Spearman-Rho 2-seitig signifikant ist. Leider ist der Zusammenhang zwischen den beiden Variablen lediglich bei 0,317 bzw. 0,351, was nur auf einen schwachen positiven Zusammenhang schließen lässt. Dennoch ist ein, wenn auch schwacher, Zusammenhang zwischen der Variable „Identifikation mit Statistik" und der erreichten Note im Statistik 1 erkennbar. Somit bestätigt sich die Hypothese zumindest zum Teil.

6. Hypothese mit Regressionsanalyse:

Mit der Regressionsanalyse möchte ich einen Zusammenhang zwischen der abhängigen Variable „Die Lernplattform und die Präsenzkurse ergänzten sich stimmig" und den beiden unabhängigen Variablen „Der Kursleiter war fachlich kompetent" und „Die Unterlagen zum Kurs auf der Lernplattform waren gut". Meine Hypothese lautet also: „Wenn der Kursleiter fachlich kompetent war und die Unterlagen zum Kurs auf der Lernplattform gut waren, dann ergänzten sich die Lernplattform und die Präsenzkurse stimmig."

Diese Hypothese habe ich nun mit dem Statistikprogramm SPSS überprüft und dabei die folgenden Auswertungen erhalten.

Modellzusammenfassung[b]

Modell	R	R-Quadrat	Korrigiertes R-Quadrat	Standardfehler des Schätzers	Durbin-Watson-Statistik
1	,790[a]	,625	,611	,580	1,904

a. Einflußvariablen : (Konstante), S2-5 Der Kursleiter war fachlich kompetent., S2-12 Die Unterlagen zum Kurs auf der Lernplattform waren gut.

b. Abhängige Variable: S2-13 Lernplattform und Präsenzkurse ergänzten sich stimmig.

Abbildung 9: Modellzusammenfassung Regressionsanalyse

In der Modellzusammenfassung kann man unter „R-Quadrat" erkennen, dass zwischen den unabhängigen Variablen und der abhängigen Variable mit einem Wert von 0,625 ein mittelstark ausgeprägter Zusammenhang besteht, der durch das korrigierte R-Quadrat von 0,611 bestätigt wird. Ausserdem deutet die Durbin-Watson-Statistik mit einem Wert von 1,904 auf die Verlässlichkeit hin. Die Statistik kann Werte zwischen 0 und 4 annehmen. Je näher der Wert an 2 ist, desto verlässlicher sind die Aussagen des Modells.

ANOVA[b]

Modell		Quadratsum me	df	Mittel der Quadrate	F	Sig.
1	Regression	31,290	2	15,645	46,572	,000[a]
	Nicht standardisierte Residuen	18,812	56	,336		
	Gesamt	50,102	58			

a. Einflußvariablen : (Konstante), S2-5 Der Kursleiter war fachlich kompetent., S2-12 Die Unterlagen zum Kurs auf der Lernplattform waren gut.

b. Abhängige Variable: S2-13 Lernplattform und Präsenzkurse ergänzten sich stimmig.

Abbildung 10: Anova der Regressionsanalyse

Die Anova zeigt dem Statistiker zum einen die Irrtumswahrscheinlichkeit des Modells auf. In diesem Fall habe ich eine Irrtumswahrscheinlichkeit von 5% in den Einstellungen vorgegeben. Die Signifikanz dieses Modells ist mit einem Wert von 0,000 sehr hoch. Die Nullhypothese, dass die abhängige von den unabhängigen Variablen vollkommen unabhängig ist, kann also verworfen werden. Ausserdem kann man die Streuung der Werte um die Regressionsgerade erklären, indem man die Quadratsummen der Regression und der „Nicht standardisierten Residuen" betrachtet. In diesem Fall ist die erklärte Streuung (Regression) fast doppelte so hoch wie die nicht erklärte (Nicht standardisierte Residuen). Das bedeutet, dass hier ein relativ gutes Regressionsmodell vorliegt.

Koeffizienten[a]

Modell		Nicht standardisierte Koeffizienten		Standardisier te Koeffizienten	T	Sig.
		Regressionsk oeffizientB	Standardfehl er	Beta		
1	(Konstante)	,279	,405		,690	,493
	S2-12 Die Unterlagen zum Kurs auf der Lernplattform waren gut.	,712	,104	,689	6,838	,000
	S2-5 Der Kursleiter war fachlich kompetent.	,174	,113	,156	1,550	,127

a. Abhängige Variable: S2-13 Lernplattform und Präsenzkurse ergänzten sich stimmig.

Abbildung 11: Koeffizienten der Regressionsanalyse

Betrachtet man nun aber die Koeffizienten der Regressionsanalyse fällt auf, dass der Zusammenhang zwischen der Variable „Die Unterlagen zum Kurs auf der Lernplattform waren gut" und der abhängigen Variable „Die Lernplattform und Präsenzkurse ergänzten sich stimmig" mit 0,000 höchst signifikant ist. Der Zusammenhang zwischen der unabhängigen

Variable „Der Kursleiter war fachlich kompetent" und der abhängigen Variable hingegen nicht (0,127). Das bedeutet, dass dass die Güte der Unterlagen auf der Lernplattform eine Erklärung für die Stimmigkeit der Lernplattform mit den Präsenzphasen liefert, die fachliche Kompetenz dagegen eher nicht. Die Hypothese kann also nur zum Teil als bestätigt angesehen werden.

Unter Beta findet man den standardisierten Regressionskoeffizienten. Mit 0,689 leistet die Variable „Die Unterlagen zum Kurs auf der Lernplattform waren gut" mit deutlichem Abstand einen Beitrag zur Stimmigkeit der Lernplattform mit den Präsenzkursen. Der Erklärungswert der fachlichen Kompetenz des Kursleiters fällt dagegen mit 0,113 relativ gering aus. Zwar ist dieses multivariate Regressionsmodell signifikant und bietet eine Erklärung des Zusammenhangs, allerdings verschlechterte die Aufnahme der Variable „Der Kursleiter war fachlich kompetent" das Modell, anstatt es zu verbessern.

Aufgrund dessen möchte ich nun den Zusammenhang zwischen der unabhängigen Variable „Die Unterlagen zum Kurs auf der Plattform waren gut" und der abhängigen Variable „Lernplattform und Präsenzphasen ergänzten sich stimmig" in einem Punkt-Streu-Diagramm darstellen und die Variable „Der Kursleiter war fachlich kompetent" ausser Acht lassen.

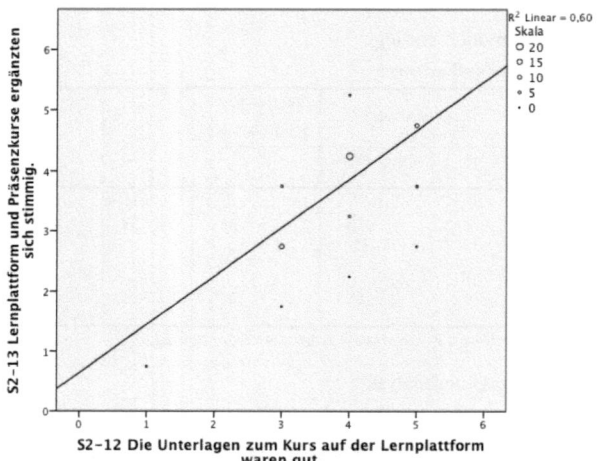

Abbildung 12: Punkt-Streu-Diagramm zur Regressionsanalyse

7. Hypothese mit Varianzanalyse:

Meine Hypothese für die Varianzanalyse lautet: „Wenn ich denke, dass ich die Kursinhalte auch in anderen Fächern anwenden kann und Interesse an Statistik habe, dann werde ich mich auch nach Statistik II weiter mit dem Thema beschäftigen."

Diese Hypothese habe ich nun mit der univariaten Varianzanalyse mit SPSS überprüft und dabei das Ergebnis aus Abbildung 13 erhalten. Diese Abbildung zeigt unter anderem, dass der Levene-Test signifikant ist, was darauf hindeutet, dass die Varianzen nicht homogen sind. Die Varianz-Analyse ist hier also problematisch, dennoch werde ich noch einen Blick auf die weiteren Ergebnisse meiner Varianzanalyse werfen.

Levene-Test auf Gleichheit der Fehlervarianzen[a]

Abhängige Variable:Ich werde mich auch nach Statistik II weiter mit diesem Thema beschäftigen.

F	df1	df2	Sig.
2,770	16	54	,003

Prüft die Nullhypothese, daß die Fehlervarianz der abhängigen Variablen über Gruppen hinweg gleich ist.

a. Design: Konstanter Term + v_72 + v_40 + v_72 * v_40

Abbildung 13: Levene-Test

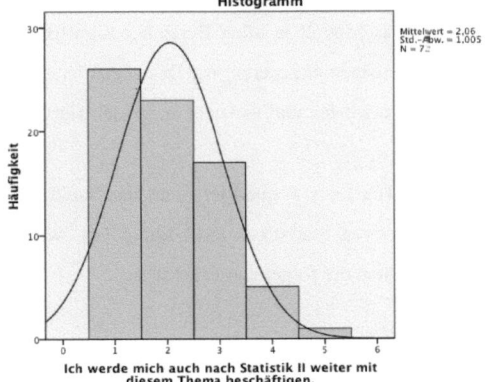

Abbildung 14: Häufigkeitsverteilung der Variable „Ich werde mich auch nach Statistik II weiter mit diesem Thema beschäftigen

Zuerst will ich aber herausfinden, warum der Levene-Test signifikant ausfällt. Dies kann zum Beispiel daran liegen, dass die abhängige Variable nicht normalverteilt ist. Dies habe ich nun in SPSS überprüft. (Abbildung 14).

Wenn man sich die Häufigkeitsverteilung der Variable „Ich werde mich auch nach Statistik II weiter mit diesem Thema beschäftigen" ansieht, bemerkt man, dass die Verteilung linkssteil und rechtsschief ist und somit keine Normalverteilung darstellt, was eine Voraussetzung für die Durchführung einer Varianzanalyse ist.

Tests der Zwischensubjekteffekte

Abhängige Variable:Ich werde mich auch nach Statistik II weiter mit diesem Thema beschäftigen.

Quelle	Quadratsum me vom Typ III	df	Mittel der Quadrate	F	Sig.	Partielles Eta-Quadrat
Korrigiertes Modell	45,715^a	16	2,857	6,188	,000	,647
Konstanter Term	190,029	1	190,029	411,561	,000	,884
v_72	16,597	4	4,149	8,986	,000	,400
v_40	10,871	4	2,718	5,886	,001	,304
v_72 * v_40	12,002	8	1,500	3,249	,004	,325
Fehler	24,933	54	,462			
Gesamt	375,000	71				
Korrigierte Gesamtvariation	70,648	70				

a. R-Quadrat = ,647 (korrigiertes R-Quadrat = ,543)

Abbildung 15: Tests der Zwischensubjekteffekte

Dennoch habe ich mir die weiteren Ergebnisse der Varianzanalyse angeschaut und festgestellt, dass das Modell in allen Bereichen signifikant ist und der R-Quadrat-Wert mit 0,647 noch einigermaßen akzeptabel ist. Deswegen habe ich das Modell trotz signifikantem Levene-Test nicht verworfen und versucht durch den Hartley's F die Varianzhomogenität zu überprüfen.

Beim Hartley's F quadriert man die Standardabweichungen des Items „Gesamt" aus den deskriptiven Statistiken (Abbildung 16) zwischen trifft nicht zu und trifft voll zu. Hierbei erhält man die folgenden Ergebnisse:

$-0,966^2 = 0,933156$

$-0,900^2 = 0,81$

$-0,838^2 = 0,702244$

$-0,579^2 = 0,335241$

$-1,291^2 = 1,666681$

Im Anschluss daran teilt man den höchsten durch den niedrigsten Wert, in diesem Fall 1,666681/ 0,335241= 4,971590587. Diesen Wert vergleicht man dann mit dem kritischen F-Wert der F-Verteilung.

Für den Wert 1,291 erhält man n-1 also 4-1= 3 Freiheitsgrade, für den Wert 0,579 erhält man n-1 also 14-1= 13 Freiheitsgrade. Somit ist der kritische F-Wert, den man aus der F-Verteilung bei einem Signifikanz-Niveau von 5% ablesen kann, 3,411.

Mein Wert 4,971590587 übersteigt diesen kritischen F-Wert, was bedeutet, dass auch Hartley von der Varianzanalyse abrät.

Deskriptive Statistiken

Abhängige Variable:Ich werde mich auch nach Statistik II weiter mit diesem Thema beschäftigen.

Ich denke, dass ich die Kursinhalte auch in ...	Ich bin an Statistik interessiert.	Mittelwert	Standardabw eichung	N
trifft nicht zu	trifft nicht zu	1,00	,000	4
	3	1,00	.	1
	Gesamt	1,00	,000	5
2	trifft nicht zu	1,00	,000	2
	2	1,20	,447	5
	3	2,20	,447	5
	4	2,33	,577	3
	Gesamt	1,73	,704	15
3	trifft nicht zu	1,33	,577	3
	2	1,50	,535	8
	3	2,00	,845	15
	4	2,83	,753	6
	trifft voll zu	2,50	,707	2
	Gesamt	2,00	,853	34
4	trifft nicht zu	4,00	.	1
	3	1,50	,577	4
	4	3,00	,000	5
	Gesamt	2,50	,972	10
trifft voll zu	2	3,50	,707	2
	3	2,33	1,528	3
	trifft voll zu	4,50	,707	2
	Gesamt	3,29	1,380	7
Gesamt	trifft nicht zu	1,40	,966	10
	2	1,67	,900	15
	3	1,96	,838	28
	4	2,79	,579	14
	trifft voll zu	3,50	1,291	4
	Gesamt	2,07	1,005	71

Abbildung 16: Deskriptive Statistiken der Varianzanalyse

Auch wenn man durch Logarithmieren der abhängigen Variable versucht die Schiefe der Verteilung in den Griff zu bekommen, ändert sich nichts an dem Ergebnis, da auch dann der Leven-Test mit 0,000 signifikant ausfällt und nach Hartley der berechnete Wert den F-Wert der F-Verteilung erneut überschreitet. Zwar scheint es so, als hätten die Variablen „Ich denke, dass ich den Kursinhalte auch in anderen Kursen verwenden kann" und „Ich bin an Statistik interessiert" einen Einfluss auf die Variable „Ich werde mich auch nach Statistik II weiter mit diesem Thema beschäftigen", allerdings ist die Varianzanalyse aufgrund des signifikanten Levene-Tests, den man auch nicht durch den Hartley's F oder das Logarithmieren der Variablen in den Griff bekommt, zu verwerfen.

8. Zusammenfassung

Durch die verschiedenen Analysen des Datensatzes bin ich auf verschiedene, teils überraschende Ergebnisse gestoßen.

Zwar war das Ergebnis der Häufigkeitsverteilung, dass diejenigen Studenten, die mehr Zeit mit der Arbeit verbringen, weniger Zeit für das Studieren aufwenden, noch vollkommen logisch und auch das Ergebnis des Chi-Quadrat-Tests war verständlich. Dieser hat gezeigt, dass das Geschlecht Einfluss auf die Wahl des Studienganges hat.

Allerdings stellte ich durch meine Korrelationsanalyse fest, dass der Zusammenhang zwischen der erreichten Note im Statistik 1 Kurs und der Identifikation mit Statistik, einem von mir gebildeten Index, nicht so groß war, wie ich es mir vorgestellt habe.

Auch hätte ich gedacht, dass die fachliche Kompetenz einen größeren Einfluss auf die Variable „Die Lernplattform und die Präsenzkurse ergänzten sich stimmig" aufweist, doch auch diese Annahme wurde nicht bestätigt.

Letzten Endes musste ich sogar das Ergebnis meiner Varianzanalyse verwerfen, obwohl ich mir im Voraus ziemlich sicher war, dass die Variablen „Ich denke, dass ich den Kursinhalte auch in anderen Kursen verwenden kann" und „Ich bin an Statistik interessiert" einen differenzierteren Einfluss auf die abhängige Variable „Ich werde mich auch nach Statistik II weiter mit diesem Thema beschäftigen" haben.

Nichtsdestotrotz hat die Arbeit mit dem Statistikprogramm SPSS mich begeistert, obwohl ich der Meinung bin, dass man einen differenzierten Einblick in die Funktionen des Programmes benötigt, um alle Auswertungen auch völlig zu verstehen.

9. Literaturverzeichnis

- Bleymüller, J., Gehlert, G. & Gülicher, H. (2008). Statistik für Wirtschaftswissenschaftler. 14. Auflage. Vahlen Franz.
- Degen, H. & Lorscheid, P. (2010). Statistik Lehrbuch: Methoden der Statistik im wirtschaftswissenschaftlichen Bachelor-Studium. 3. Auflage. Oldenbourg.